Nós e a tabuada

José Ruy Giovanni
Professor de Matemática em escolas de Ensino Fundamental e Ensino Médio desde 1960.

José Ruy Giovanni Júnior
Licenciado em Matemática pelo Instituto de Matemática e Estatística IME-USP.
Professor de Matemática em escolas de Ensino Fundamental e Ensino Médio desde 1985.

2ª edição - São Paulo

Nós e a tabuada – A

Copyright © José Ruy Giovanni e José Ruy Giovanni Júnior, 2016

Diretor editorial	Lauri Cericato
Gerentes editoriais	Rosa Maria Mangueira e Silvana Rossi Júlio
Editora	Luciana Pereira Azevedo Remião
Editora assistente	Bianca Cristina Fratelli
Assistente editorial	Daniela Beatriz Benites de Paula
Gerente de produção editorial	Mariana Milani
Gerente de arte	Ricardo Borges
Coordenadora de arte	Daniela Máximo
Projeto gráfico	Bruno Brum
Capa	Juliana Sugawara
Supervisor de arte	Carlos Augusto Asanuma
Editora de arte	Wilde Velasques Kern
Diagramação	Tarumã Editoração Gráfica Ltda.
Tratamento de imagens	Ana Isabela Pithan Maraschin
Coordenadora de ilustrações	Márcia Berne
Assistentes de arte	Stephanie Santos Martini e Maria Paula Santo Siqueira
Ilustrações	Marcos Guilherme, Imaginario Studio
Coordenadora de preparação e revisão	Lilian Semenichin
Supervisora de preparação e revisão	Izabel Cristina Rodrigues
Preparação	Renato Colombo Jr.
Revisão	Carolina Manley e Kátia Cardoso
Coordenador de iconografia e licenciamento de textos	Expedito Arantes
Supervisora de licenciamento de textos	Elaine Bueno
Iconografia	Paloma Santa Rosa Klein
Diretor de operações e produção gráfica	Reginaldo Soares Damasceno

---

Dados Internacionais de Catalogação na Publicação (CIP)
(Câmara Brasileira do Livro, SP, Brasil)

Giovanni, José Ruy
Nós e a tabuada: A / José Ruy Giovanni, José Ruy Giovanni Júnior. — 2. ed. — São Paulo: Quinteto Editorial, 2016.

Bibliografia
ISBN 978-85-8392-061-8 (aluno)
ISBN 978-85-8392-062-5 (professor)

1. Aritmética (Ensino fundamental) 2. Tabuada (Ensino fundamental) I. Giovanni Júnior, José Ruy. II. Título.

16-01906   CDD-372.72

Índices para catálogo sistemático:
1. Tabuada: Aritmética: Ensino fundamental   372.72

2 3 4 5 6 7 8 9

Envidamos nossos melhores esforços para localizar e indicar adequadamente os créditos dos textos e imagens presentes nesta obra didática. No entanto, colocamo-nos à disposição para avaliação de eventuais irregularidades ou omissões de crédito e consequente correção nas próximas edições. As imagens e os textos constantes nesta obra que, eventualmente, reproduzam algum tipo de material de publicidade ou propaganda, ou a ele façam alusão, são aplicados para fins didáticos e não representam recomendação ou incentivo ao consumo.

Reprodução proibida: Art. 184 do Código Penal e Lei 9.610 de 19 de fevereiro de 1998.
Todos os direitos reservados à **QUINTETO EDITORIAL LTDA.**

Rua Rui Barbosa, 156 – Bela Vista – São Paulo – SP
CEP 01326-010 – Tel. 0800 772 2300
Caixa Postal 65149 – CEP da Caixa Postal 01390-970
www.ftd.com.br
central.relacionamento@ftd.com.br

Impresso no Parque Gráfico da Editora FTD S.A.
Avenida Antonio Bardella, 300
Guarulhos-SP – CEP 07220-020
Tel. (11) 3545-8600 e Fax (11) 2412-5375

A - 901.518/24

Sumário

Adição 4

Subtração 18

Multiplicação 30

Divisão 42

Revendo as quatro operações 54

Apresentação

Escrevemos **Nós e a tabuada** pensando em ajudar você a desenvolver suas habilidades para calcular.

Por isso, nos preocupamos em apresentar várias situações-problema, que certamente poderão ser aplicadas no seu dia a dia.

Esperamos que aproveite bastante.

Afinal, esta coleção foi feita especialmente para você!

Os autores

Adição

1 + 0 = 1	2 + 0 = 2	3 + 0 = 3	4 + 0 = 4
1 + 1 = 2	2 + 1 = 3	3 + 1 = 4	4 + 1 = 5
1 + 2 = 3	2 + 2 = 4	3 + 2 = 5	4 + 2 = 6
1 + 3 = 4	2 + 3 = 5	3 + 3 = 6	4 + 3 = 7
1 + 4 = 5	2 + 4 = 6	3 + 4 = 7	4 + 4 = 8
1 + 5 = 6	2 + 5 = 7	3 + 5 = 8	4 + 5 = 9
1 + 6 = 7	2 + 6 = 8	3 + 6 = 9	4 + 6 = 10
1 + 7 = 8	2 + 7 = 9	3 + 7 = 10	4 + 7 = 11
1 + 8 = 9	2 + 8 = 10	3 + 8 = 11	4 + 8 = 12
1 + 9 = 10	2 + 9 = 11	3 + 9 = 12	4 + 9 = 13

5 + 0 = 5	6 + 0 = 6
5 + 1 = 6	6 + 1 = 7
5 + 2 = 7	6 + 2 = 8
5 + 3 = 8	6 + 3 = 9
5 + 4 = 9	6 + 4 = 10
5 + 5 = 10	6 + 5 = 11
5 + 6 = 11	6 + 6 = 12
5 + 7 = 12	6 + 7 = 13
5 + 8 = 13	6 + 8 = 14
5 + 9 = 14	6 + 9 = 15

7 + 0 = 7	8 + 0 = 8	9 + 0 = 9
7 + 1 = 8	8 + 1 = 9	9 + 1 = 10
7 + 2 = 9	8 + 2 = 10	9 + 2 = 11
7 + 3 = 10	8 + 3 = 11	9 + 3 = 12
7 + 4 = 11	8 + 4 = 12	9 + 4 = 13
7 + 5 = 12	8 + 5 = 13	9 + 5 = 14
7 + 6 = 13	8 + 6 = 14	9 + 6 = 15
7 + 7 = 14	8 + 7 = 15	9 + 7 = 16
7 + 8 = 15	8 + 8 = 16	9 + 8 = 17
7 + 9 = 16	8 + 9 = 17	9 + 9 = 18

Ilustrações: Marcos Guilherme

1 Escreva a adição indicada em cada quadro abaixo.

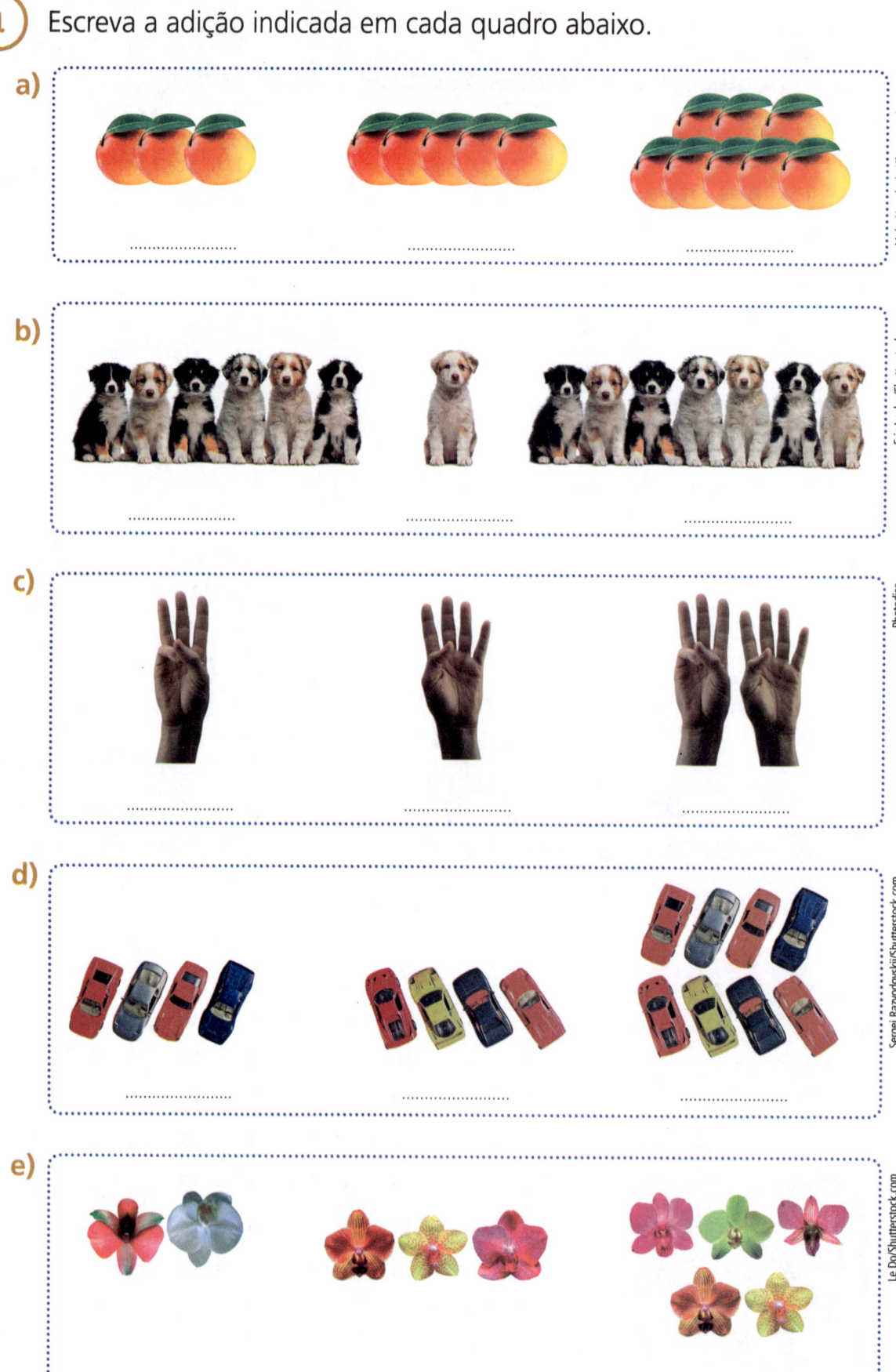

2 Veja quanto custa o sanduíche e o suco que Pedro quer comprar para o lanche.

7 REAIS

2 REAIS

a) O sanduíche custa .... reais.

b) O suco custa .... reais.

c) O sanduíche e o suco custam, juntos, ... reais.

3 Observe estas cartas de um jogo.

Quantos pontos valem, juntas, as cartas:

a) **laranja** e **verde**?

....

b) **laranja** e **azul**?

....

c) **verde** e **azul**?

....

d) **laranja**, **verde** e **azul**?

....

4) O gráfico a seguir mostra a quantidade de alunos que praticam natação na escola de Luísa.

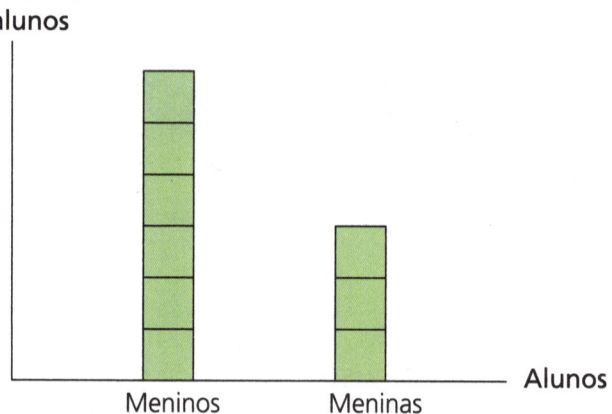

a) Quantas meninas praticam natação? ....

b) E quantos meninos? ....

c) Ao todo, quantos alunos praticam natação? ....

5) O placar indica o resultado de um jogo de futebol entre o time **A** e o time **B**.

a) Qual dos dois times ganhou o jogo?
....

b) Quantos gols o time **A** marcou?
....

c) E o time **B**?
....

d) Ao todo, foram marcados quantos gols nessa partida?
....

6) Pinte as fichas de acordo com o resultado de cada adição.

Resultado da adição	Cor da ficha
9	Azul
6	Vermelha
8	Verde
5	Amarela

Siga a legenda ao lado!

| 2 + 7 | 3 + 6 | 1 + 0 | 2 + 5 | 5 + 3 | 8 + 1 |

| 7 + 0 | 2 + 4 | 4 + 3 | 3 + 2 | 4 + 5 |

| 3 + 3 | 2 + 1 | 4 + 4 | 4 + 1 | 6 + 1 |

7) As crianças estão recolhendo latinhas de alumínio para a campanha de reciclagem da escola.

Guilherme, já recolhi 3 latinhas. E você?

Eu recolhi 4 latinhas a mais que você, Tiago!

Responda às questões a seguir escrevendo uma adição para representar as quantidades.

a) Quantas latinhas Guilherme já recolheu?

....

b) Quantas latinhas, juntos, os dois meninos recolheram?

....

8) Calcule o resultado de cada adição a seguir.

```
   9        3        5        8        7
+  5     +  8     +  5     +  8     +  8
```

```
   2       50       24       61       25
+  9     +  7     +  5     +  6     +  3
```

```
  41       50       64       55       47
+ 21     + 38     + 14     + 22     + 51
```

9) Juliana empilhou alguns blocos com números. Descubra o segredo e complete com os números que faltam.

Agora, responda:

a) Qual é o maior número que você escreveu nos blocos acima? ....

b) Qual é a soma dos algarismos desse número? ....

....

c) Qual é a soma dos quatro números escritos nos blocos da fileira que está apoiada no chão. ....

10 Em um jogo de basquete, a equipe **A** marcou 41 pontos no primeiro tempo e 43 pontos no segundo tempo. Quantos pontos a equipe **A** marcou nesse jogo?

A
Eugene Onischenko/Shutterstock.com

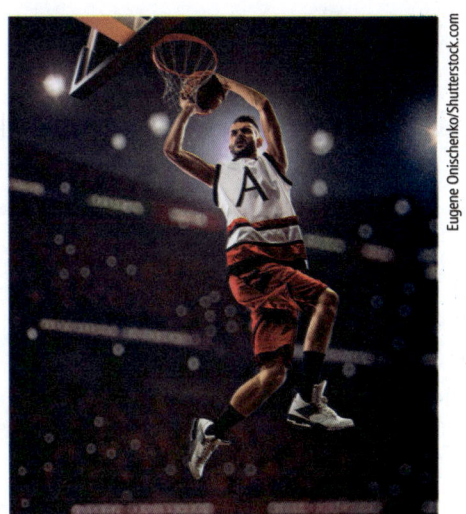

A equipe **A** marcou .... pontos.

11 Em uma loja de artigos esportivos há 25 bolas de basquete e 33 bolas de vôlei para vender.

a) Quantas bolas há para vender nessa loja?

Nessa loja há .... bolas para vender.

b) Até o fim do mês foram vendidas 21 bolas de basquete e 22 bolas de vôlei. Quantas bolas, ao todo, foram vendidas nessa loja?

Foram vendidas .... bolas.

12 Observe as dicas de Laura e responda.

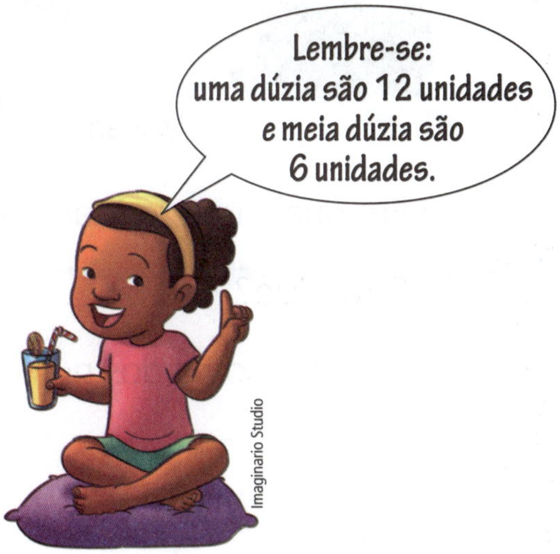
Lembre-se:
uma dúzia são 12 unidades e meia dúzia são 6 unidades.
Imaginario Studio

a) Quantas laranjas correspondem a duas dúzias?

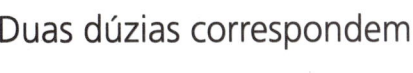

Duas dúzias correspondem

a .... laranjas.

b) Quantas laranjas correspondem a uma dúzia e meia de laranjas?

Uma dúzia e meia corresponde a .... laranjas.

13) Um agricultor usou placas para demarcar distâncias em seu terreno.

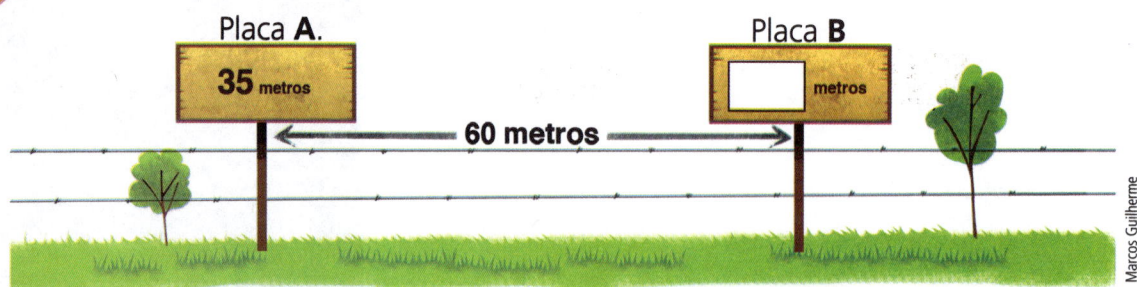

Que número deve ser escrito na Placa **B**, de acordo com a ilustração acima? ....

14) Na hora do recreio, as crianças estão brincando de adivinhar números.

a) Em qual número Mariana pensou? ....

b) E Fabrício? ....

c) Qual é a soma dos números em que os dois pensaram? ....

15) Joana doou 51 reais em alimentos para uma campanha beneficente e sua irmã, Júlia, doou 48 reais.

Qual foi a quantia doada à campanha pelas duas irmãs?

A quantia doada pelas irmãs foi .... reais.

16) Observe os vasos que estão sobre as balanças abaixo.

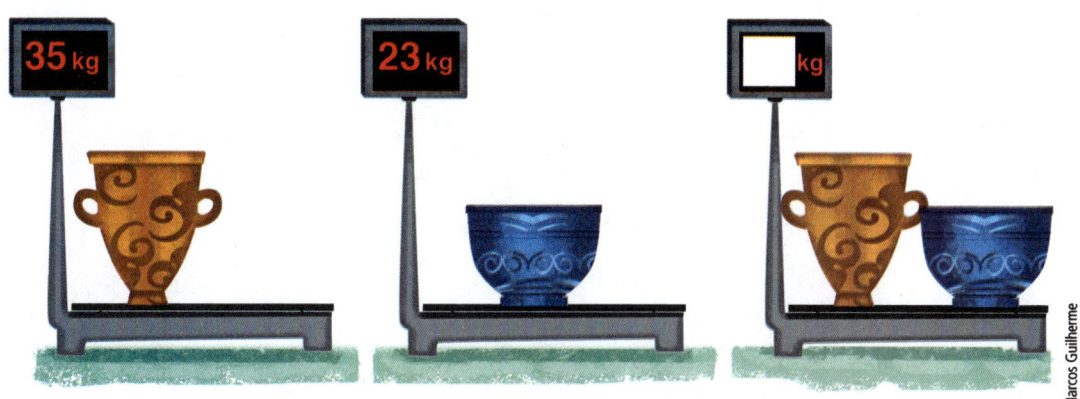

Quantos quilogramas deve marcar o visor da balança onde estão os dois vasos juntos? ....

17) Observe a figura ao lado.

	A	B	C
D	20	10	40
E	21	50	10
F	32	13	23

a) Calcule a soma dos números que estão escritos:
- na coluna **A** ....
- na coluna **B** ....
- na coluna **C** ....

b) O que se pode afirmar sobre os resultados obtidos acima?

....

c) Agora, calcule a soma dos números que estão escritos:
- na linha **D** ....
- na linha **E** ....
- na linha **F** ....

d) O que se pode afirmar sobre os resultados obtidos acima?

....

18) Na figura abaixo, estão indicadas, em metros, as medidas dos lados de um terreno.

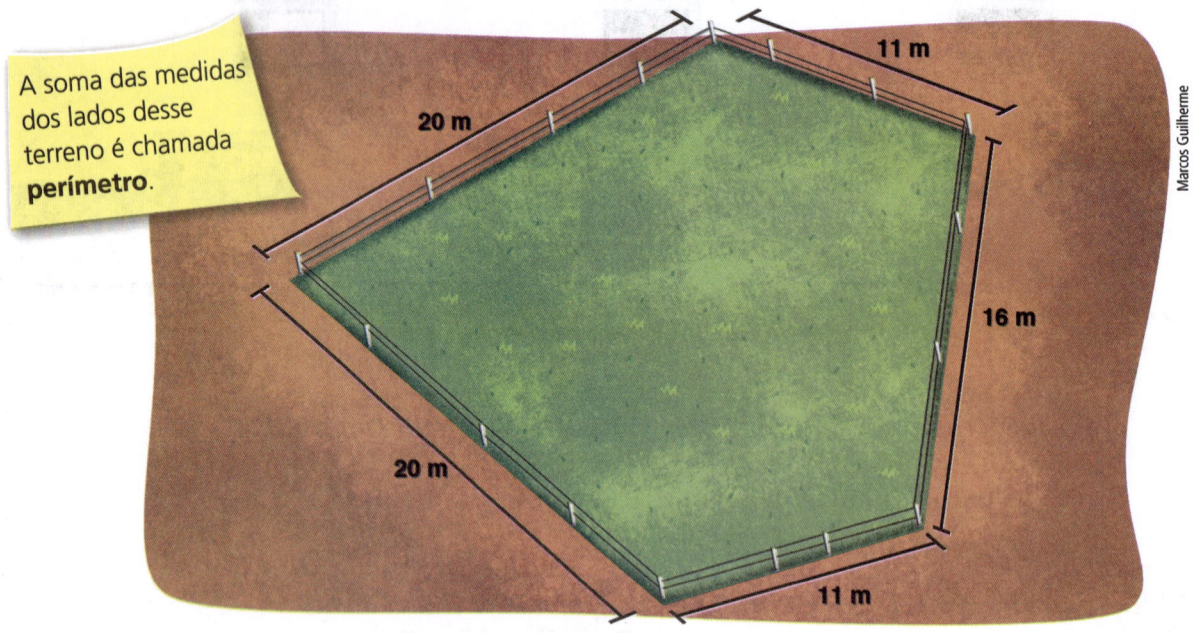

A soma das medidas dos lados desse terreno é chamada **perímetro**.

Qual é a soma das medidas dos lados desse terreno?

....

....

19) Veja o placar da final do campeonato de basquete da escola de Larissa.

	1º tempo	2º tempo
Estrelas	32	46
Fadas	35	31

Complete:

a) A equipe Estrelas fez .... pontos.

b) A equipe Fadas fez .... pontos.

c) Qual equipe venceu o primeiro tempo do jogo? ....

....

d) Qual equipe venceu o jogo? ....

20) Veja como Caio distribuiu 8 fichas sobre uma mesa.

a) O número escrito na ficha **A** é igual à soma dos números escritos nas fichas vermelhas.

Qual é esse número? ....

b) O número escrito na ficha **B** é igual à soma dos números escritos nas fichas amarelas.

Qual é esse número? ....

c) Qual é a soma dos dois números escritos nas fichas **A** e **B**? ....

21) Este ano, Theo completou 12 anos. Quantos anos ele terá daqui a 25 anos?

Theo terá .... anos.

22 Em um ônibus, há a seguinte placa:

Quantos passageiros, no máximo, esse ônibus pode transportar? ....

23 Em uma excursão, foram usados dois ônibus. Em um deles, viajaram 42 alunos e 3 professores; no outro, viajaram 31 alunos e 3 professores.

a) Quantas pessoas viajaram no ônibus que levou mais alunos?

....

b) Quantas pessoas viajaram no ônibus que levou menos alunos?

....

c) Quantas pessoas foram, ao todo, a essa excursão?

....

24 A festa de aniversário de Leo estava animada! Além das 32 pessoas presentes, chegaram mais 17 amigos para fazer uma surpresa ao aniversariante.

Quantas pessoas foram à festa de Leo?

....

25 Paula e seus amigos estão jogando a Trilha da floresta.

Observe as instruções das casas em que os peões estão parados e responda.

a) Em qual casa o peão de Carlos vai parar?

....

b) Em qual casa o peão de Zico vai parar?

....

c) Em qual casa o peão de Tuca vai parar?

....

Subtração

1 − 1 = 0	2 − 2 = 0	3 − 3 = 0	4 − 4 = 0
2 − 1 = 1	3 − 2 = 1	4 − 3 = 1	5 − 4 = 1
3 − 1 = 2	4 − 2 = 2	5 − 3 = 2	6 − 4 = 2
4 − 1 = 3	5 − 2 = 3	6 − 3 = 3	7 − 4 = 3
5 − 1 = 4	6 − 2 = 4	7 − 3 = 4	8 − 4 = 4
6 − 1 = 5	7 − 2 = 5	8 − 3 = 5	9 − 4 = 5
7 − 1 = 6	8 − 2 = 6	9 − 3 = 6	10 − 4 = 6
8 − 1 = 7	9 − 2 = 7	10 − 3 = 7	11 − 4 = 7
9 − 1 = 8	10 − 2 = 8	11 − 3 = 8	12 − 4 = 8
10 − 1 = 9	11 − 2 = 9	12 − 3 = 9	13 − 4 = 9
11 − 1 = 10	12 − 2 = 10	13 − 3 = 10	14 − 4 = 10

5 − 5 = 0	6 − 6 = 0
6 − 5 = 1	7 − 6 = 1
7 − 5 = 2	8 − 6 = 2
8 − 5 = 3	9 − 6 = 3
9 − 5 = 4	10 − 6 = 4
10 − 5 = 5	11 − 6 = 5
11 − 5 = 6	12 − 6 = 6
12 − 5 = 7	13 − 6 = 7
13 − 5 = 8	14 − 6 = 8
14 − 5 = 9	15 − 6 = 9
15 − 5 = 10	16 − 6 = 10

7 − 7 = 0	8 − 8 = 0	9 − 9 = 0
8 − 7 = 1	9 − 8 = 1	10 − 9 = 1
9 − 7 = 2	10 − 8 = 2	11 − 9 = 2
10 − 7 = 3	11 − 8 = 3	12 − 9 = 3
11 − 7 = 4	12 − 8 = 4	13 − 9 = 4
12 − 7 = 5	13 − 8 = 5	14 − 9 = 5
13 − 7 = 6	14 − 8 = 6	15 − 9 = 6
14 − 7 = 7	15 − 8 = 7	16 − 9 = 7
15 − 7 = 8	16 − 8 = 8	17 − 9 = 8
16 − 7 = 9	17 − 8 = 9	18 − 9 = 9
17 − 7 = 10	18 − 8 = 10	19 − 9 = 10

Ilustrações: Marcos Guilherme

1) Cada figura sugere uma subtração. Escreva a subtração correspondente a cada figura.

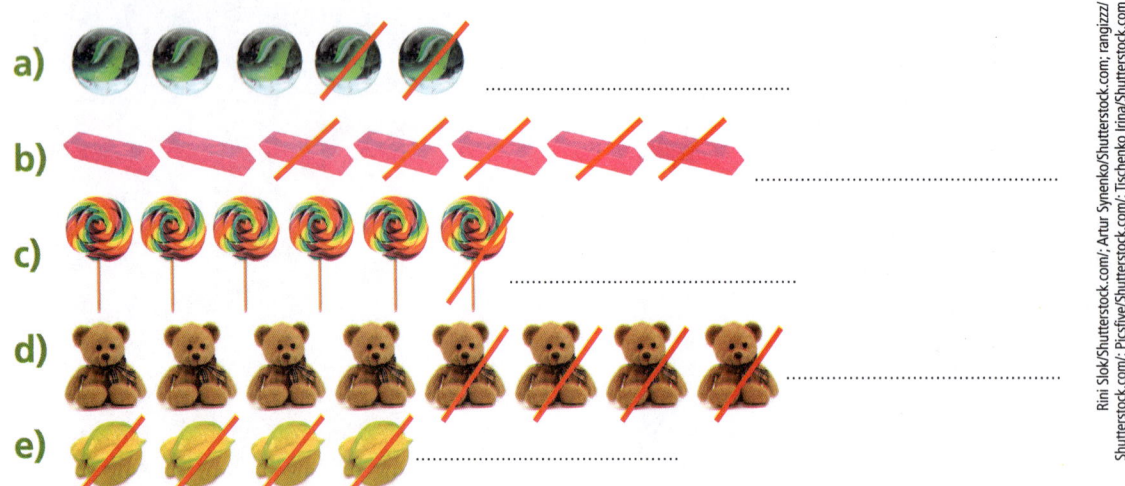

a) ....

b) ....

c) ....

d) ....

e) ....

2) Laura e suas amigas estão participando da final do campeonato de futebol da escola.

Observe o placar da final acima e complete.

a) O time **A** fez .... gols.

b) O time **B** fez .... gols.

c) O time .... venceu o jogo.

d) O time vencedor fez .... gols a mais que o time adversário.

e) Os dois times, juntos, fizeram .... gols.

Antônio tinha 9 balões para vender num parque. Ele vendeu 5 balões pela manhã e, o restante, à tarde.

Quantos balões Antônio vendeu à tarde?

....

 Calcule o resultado de cada subtração a seguir.

```
  1 1        1 3        1 0        1 1        1 5
-   2      -   5      -   9      -   7      -   8
```

```
  1 1        1 0        1 1        1 3        1 5
-   5      -   6      -   8      -   7      -   9
```

```
  1 7        1 4        1 5        1 2        1 6
-   8      -   8      -   6      -   9      -   7
```

5 Mariana e Luísa estão usando as pulseiras que ganharam de aniversário.

 Mariana.    Luísa.

a) Quantas pulseiras Mariana está usando? E Luísa? ....
....

b) Quantas pulseiras Mariana tem a mais que Luísa? ....
....

6 Veja algumas figurinhas de aves do álbum de Diego.

Araras-azuis.   Araras-vermelhas.

Qual é a diferença entre a quantidade de araras-azuis e araras-vermelhas nas figurinhas de Diego? ....

7 Lívia está juntando dinheiro para comprar uma caixa de lápis de cor. Veja quanto ela já tem:

Quanto falta para Lívia poder comprar a caixa de lápis de cor ao lado? ....
....

10 reais

8 Observe o quadro ao lado e responda.

Cartas	Pontos
A	9
B	5
C	2
D	7

a) Quantos pontos a carta **A** vale a mais que a carta **B**?

....

b) Quantos pontos a carta **D** vale a mais que a carta **C**?

....

9 A distância entre a fazenda **A** e a fazenda **B** é 16 quilômetros. Sabendo que Theo saiu da fazenda **A** e já percorreu 9 quilômetros, quantos quilômetros faltam para ele chegar à fazenda **B**?

Para Theo chegar à fazenda **B**, faltam .... quilômetros.

10 Um elevador está parado no 7º andar de um edifício.

a) Quantos andares ele terá de subir para ir até o 13º andar?

O elevador terá de subir .... andares.

b) Agora, o elevador está parado no 19º andar. Se ele descer 7 andares, em qual andar irá parar?

O elevador irá parar no .... andar.

c) E se o elevador estiver no 10º andar, quantos andares ele terá que descer para ir até o térreo?

O elevador terá que descer .... andares.

11) Fernando e Lucca estão disputando uma corrida de bicicleta. Fernando percorreu 14 quilômetros e Lucca percorreu 8 quilômetros.

Quantos quilômetros Fernando percorreu a mais que Lucca?

Fernando percorreu .... quilômetros a mais que Lucca.

12) Calcule o resultado de cada subtração a seguir.

```
  50        27        33        47
- 20      - 15      - 12      - 25
____      ____      ____      ____

  78        84        96        55
- 66      - 31      - 50      - 41
____      ____      ____      ____

  85        72        98        89
- 35      - 51      - 66      - 37
____      ____      ____      ____
```

13) Gabriela está lendo um livro de 28 páginas. Se ela já leu 7 páginas, quantas páginas faltam para terminar de ler esse livro?

Faltam .... páginas.

14 Luísa levou seus bichinhos de estimação ao veterinário para medir a massa.

Quantos quilogramas tem a gata de Luísa?

A gata de Luísa tem .... quilogramas.

15 Na escola de Pedro estudam 85 alunos. Hoje, faltaram 15 alunos. Quantos alunos da sala de Pedro foram à aula hoje?

Foram à aula .... alunos.

16 Em um aquário há 36 peixes. Se 22 desses peixes são fêmeas, quantos peixes machos há nesse aquário?

Nesse aquário, há .... peixes machos.

17 Observe a conversa destes guardas rodoviários.

Qual é a distância, em quilômetro, entre o soldado Mariano e a tenente Célia?

A distância é de .... quilômetros.

18 Observe o gráfico abaixo.

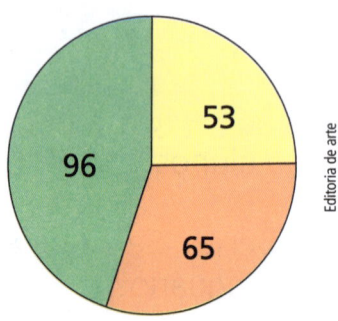

a) Qual é a diferença entre o número escrito na parte laranja e o número escrito na parte amarela? ....

b) O número escrito na parte verde tem quantas unidades a mais que o número escrito na parte laranja? ....

c) Do número escrito na parte verde para o número escrito na parte amarela, quanto falta? ....

19) Observe as dicas e responda.

- O número do apartamento de Helena fica entre 50 e 60. O algarismo das unidades desse número é 8.
- O número do apartamento de Neide fica entre 20 e 30, e o algarismo das unidades desse número é 5.

a) Qual é o número do apartamento de Helena? ....

b) E de Neide? ....

c) Qual é a diferença entre o número do apartamento de Helena e o número do apartamento de Neide? ....

20) Em um campeonato na escola de Bárbara, professores e alunos participaram de um jogo de basquete. Veja o placar a seguir:

	Professores	Alunos
1º tempo	42	45
2º tempo	43	51

Agora, complete:

a) Nesse jogo, a equipe dos professores marcou .... pontos.

b) No total, a equipe dos alunos marcou .... pontos.

c) A equipe dos .... venceu a partida por uma diferença de .... pontos.

21) Cristina está montando um quebra-cabeça composto por 79 peças.

Sabendo que foram usadas 54 peças, quantas peças faltam para Cristina terminar de montar o quebra-cabeça?

Faltam .... peças para Cristina terminar de montar o quebra-cabeça.

22) Carlos está cultivando estas duas mudas de orquídea-bambu.

A orquídea-bambu cresce no chão ereta como o bambu. Ela floresce praticamente o ano todo!

Quantos centímetros faltam para a altura da muda menor atingir a altura atual da muda maior? ....

23) Na loja onde Carlos comprou as mudas de orquídea-bambu, havia outras 86 mudas dessa planta. Destas, 36 foram vendidas.

Quantas mudas de orquídea-bambu sobraram nessa loja?

....

24) Os irmãos Charles e Rafael foram a uma loja de brinquedos escolher o presente do dia das crianças.

a) Quanto falta para Charles comprar o carrinho?

Faltam .... reais.

b) Quanto falta para Rafael comprar a bola?

Faltam .... reais.

25) Um confeiteiro fez 96 tortas para uma festa. Dessas tortas, 55 são de chocolate.

Quantas tortas não são de chocolate?

....

✖ Multiplicação

1 × 1 = 1	1 × 2 = 2	1 × 3 = 3
2 × 1 = 2	2 × 2 = 4	2 × 3 = 6
3 × 1 = 3	3 × 2 = 6	3 × 3 = 9
4 × 1 = 4	4 × 2 = 8	4 × 3 = 12
5 × 1 = 5	5 × 2 = 10	5 × 3 = 15
6 × 1 = 6	6 × 2 = 12	6 × 3 = 18
7 × 1 = 7	7 × 2 = 14	7 × 3 = 21
8 × 1 = 8	8 × 2 = 16	8 × 3 = 24
9 × 1 = 9	9 × 2 = 18	9 × 3 = 27
10 × 1 = 10	10 × 2 = 20	10 × 3 = 30

1 × 4 = 4		1 × 5 = 5
2 × 4 = 8		2 × 5 = 10
3 × 4 = 12		3 × 5 = 15
4 × 4 = 16		4 × 5 = 20
5 × 4 = 20		5 × 5 = 25
6 × 4 = 24		6 × 5 = 30
7 × 4 = 28		7 × 5 = 35
8 × 4 = 32		8 × 5 = 40
9 × 4 = 36		9 × 5 = 45
10 × 4 = 40		10 × 5 = 50

Ilustrações: Marcos Guilherme

As tabelas da multiplicação também podem ser escritas assim:

Duas vezes		
2 × 1	=	2
2 × 2	=	4
2 × 3	=	6
2 × 4	=	8
2 × 5	=	10
2 × 6	=	12
2 × 7	=	14
2 × 8	=	16
2 × 9	=	18
2 × 10	=	20

Três vezes		
3 × 1	=	3
3 × 2	=	6
3 × 3	=	9
3 × 4	=	12
3 × 5	=	15
3 × 6	=	18
3 × 7	=	21
3 × 8	=	24
3 × 9	=	27
3 × 10	=	30

Quatro vezes		
4 × 1	=	4
4 × 2	=	8
4 × 3	=	12
4 × 4	=	16
4 × 5	=	20
4 × 6	=	24
4 × 7	=	28
4 × 8	=	32
4 × 9	=	36
4 × 10	=	40

Cinco vezes		
5 × 1	=	5
5 × 2	=	10
5 × 3	=	15
5 × 4	=	20
5 × 5	=	25
5 × 6	=	30
5 × 7	=	35
5 × 8	=	40
5 × 9	=	45
5 × 10	=	50

1 Pinte de azul os quadrinhos com números de 2 em 2.

0	1	2	3	4	5	6	7	8	9
10	11	12	13	14	15	16	17	18	19
20	21	22	23	24	25	26	27	28	29

2 Desenhe o dobro da quantidade de objetos que há em cada quadro a seguir.

3 Observe estas obras de arte.

Agora, complete.

a) A obra de arte é formada por .... quadros.

b) Em cada quadro há .... flores. No total, há .... flores.

c) Quantas flores há no total? ....

4 Pinte de verde os quadrinhos com números de 4 em 4.

0	1	2	3	4	5	6	7	8	9
10	11	12	13	14	15	16	17	18	19
20	21	22	23	24	25	26	27	28	29
30	31	32	33	34	35	36	37	38	39
40	41	42	43	44	45	46	47	48	49

5 Complete os quadros a seguir.

2 × 4 = ...   9 × 4 = ...   4 × 3 = ...

4 × 4 = ...   10 × 4 = ...   4 × 6 = ...

6 × 4 = ...   4 × 2 = ...   4 × 8 = ...

6 Luana foi a uma loja comprar sapatinhos para seus quatro cachorros. Desenhe sapatinhos nas patas de cada cachorro de Luana.

Quantos sapatinhos Luana terá de comprar? Escreva uma multiplicação para representar essa quantidade.

....

34

7 Pinte de vermelho a casinha do 5 e continue pintando de 5 em 5.

0	1	2	3	4	5	6	7	8	9
10	11	12	13	14	15	16	17	18	19
20	21	22	23	24	25	26	27	28	29
30	31	32	33	34	35	36	37	38	39
40	41	42	43	44	45	46	47	48	49
50	51	52	53	54	55	56	57	58	59

8 Complete os quadros a seguir.

2 × 5 = ...   9 × 5 = ...   8 × 5 = ...

5 × 5 = ...   10 × 5 = ...   5 × 6 = ...

6 × 5 = ...   5 × 2 = ...   5 × 8 = ...

9 Observe esta obra do fotógrafo escocês Iain Blake. Nela, o artista representa pés usando pedras.

a) Quantos pés são representados nessa obra? ....

b) Há quantos pares de pés? ....

c) Escreva uma mutiplicação para calcular a quantidade de pedrinhas que representam os dedos dos pés, nessa obra.

Explique a um colega como você pensou.

10 Veja as imagens e faça o que se pede.

- Quantas são as gangorras? ....
- Quantas crianças há em cada gangorra?
  ....
- Quantas crianças há ao todo? ....
- Complete: 4 vezes 2 é igual a ....
- Escreva uma adição para representar o total de crianças. ....
- Escreva uma multiplicação para representar o total de crianças. ....

- Quantos vasos há em cada linha? ....
- Quantos vasos há em cada coluna? ....
- No total, são ....
- Complete: 3 vezes 2 é igual a ....
- Escreva uma adição para representar o total de vasos. ....
- Escreva uma multiplicação para representar o total de vasos. ....

- Quantos bombons há em cada caixa? ....
- Há quantas caixas de bombons? ....
- No total, são ....
- Complete: 3 vezes 4 é igual a ....
- Escreva uma adição para representar o total de bombons. ....
- Escreva uma multiplicação para representar o total de bombons. ....

11) Em uma balança, foram colocadas 5 caixas. Veja.

a) Quantos quilogramas tem cada caixa? ....

b) Quantos quilogramas têm as caixas, juntas? Escreva uma adição para representar essa quantidade. ....

c) Usando uma multiplicação, represente o resultado obtido no item **b** acima. ....

12) Observe e complete.

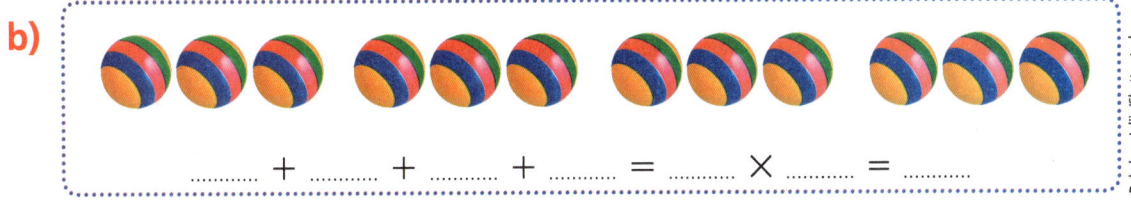

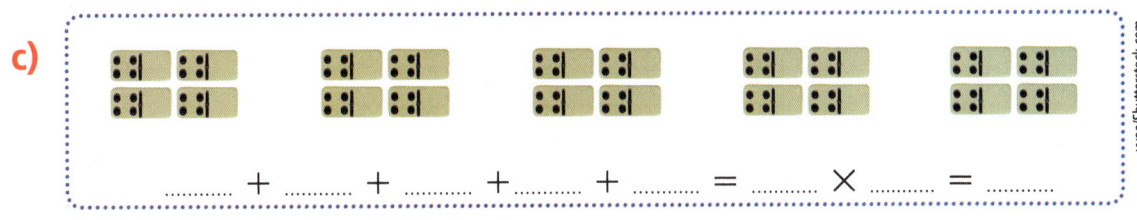

a) 2 + 2 + 2 = 3 × 2 = 6

b) .... + ... + ... + ... = ... × .... = ...

c) .... + ... + ... + ... + ... = ... × .... = ...

d) .... + ... = ... × .... = ...

13 Complete o quadro a seguir.

7 + 7	2 × 7	
6 + 6 + 6		18
	5 × 10	50
3 + 3 + 3 + 3		12
	4 × 2	
5 + 5 + 5 + 5		20
9 + 9		
	3 × 8	

14 No quadro abaixo, pinte:

a) de azul, o resultado de 3 × 5. ....

b) de verde, o resultado de 2 × 9. ....

c) de vermelho, o resultado de 4 × 8. ....

d) de amarelo, o resultado de 2 × 5. ....

e) de laranja, o resultado de 4 × 5. ....

f) de cinza, o resultado de 3 × 8. ....

0	1	2	3	4	5	6	7	8	9
10	11	12	13	14	15	16	17	18	19
20	21	22	23	24	25	26	27	28	29
30	31	32	33	34	35	36	37	38	39
40	41	42	43	44	45	46	47	48	49

15 Carla e Maurício estão se divertindo com o jogo das fichas coloridas.

> Você venceu! Vou ter de lhe dar as minhas 35 fichas verdes.

> Cada ficha azul vale 8 fichas verdes. Eu ganhei 5 azuis mais as suas 35 verdes.

a) A quantidade de fichas azuis que Carla ganhou corresponde a quantas fichas verdes? Explique a um colega como pensou para responder.

....

b) Se só existissem fichas verdes, quantas Carla receberia ao final do jogo?

....

16 As amigas Ana, Flávia e Clara adoram fazer pulseiras com elásticos coloridos. Para comprar um novo pacote de elásticos, cada uma contribuiu com 7 reais.

Quanto custou o pacote de elásticos?

O pacote de elásticos custou .... reais.

39

17 Em um supermercado, uma embalagem de queijo Sabor da Fazenda custa 10 reais. Já uma embalagem de queijo Puro Leite custa o triplo desse valor. Quanto custa cada embalagem de queijo Puro Leite?

Cada embalagem de queijo Puro Leite custa .... reais.

18 Nas férias, Fernando assistiu a 3 filmes por dia durante 5 dias. A quantos filmes ele assistiu nesses 5 dias? ....

19 Lucca percorre 3 quilômetros de casa até a academia. Para calcular quantos quilômetros ele percorre, sabendo que ele vai à academia todos os dias da semana, podemos fazer:

.... × .... = ... + ... + ... + ... + ... + ... + ... = ...

Lucca percorre .... quilômetros.

20) Leila está fazendo lembrancinhas para seu aniversário. Cada lembrancinha contém 4 caixinhas (peças) de um quebra-cabeça.

a) Quantas caixinhas ela utilizou para fazer 9 lembrancinhas?

....

b) Chegaram mais 5 convidados para a festa de Leila. De quantas caixinhas a mais ela precisará para fazer lembrancinhas para esses convidados? ....

21) Os professores Rui, Cristina, Karina, Gláucia, Caio e Mariana estão participando do campeonato de judô da escola. Cada participante recebeu um quimono com um número de identificação.

Cristina (16) Karina (28) Gláucia (21) Rui (35) Caio (14) Mariana (45)

Qual dos professores está usando o quimono com o número que representa o resultado da multiplicação:

a) 3 × 7? .... **b)** 2 × 8? .... **c)** 5 × 9? ....

41

÷ Divisão

1	:	1	=	1		2	:	2	=	1
2	:	1	=	2		4	:	2	=	2
3	:	1	=	3		6	:	2	=	3
4	:	1	=	4		8	:	2	=	4
5	:	1	=	5		10	:	2	=	5
6	:	1	=	6		12	:	2	=	6
7	:	1	=	7		14	:	2	=	7
8	:	1	=	8		16	:	2	=	8
9	:	1	=	9		18	:	2	=	9
10	:	1	=	10		20	:	2	=	10

3 : 3 = 1		4 : 4 = 1
6 : 3 = 2		8 : 4 = 2
9 : 3 = 3		12 : 4 = 3
12 : 3 = 4		16 : 4 = 4
15 : 3 = 5		20 : 4 = 5
18 : 3 = 6		24 : 4 = 6
21 : 3 = 7		28 : 4 = 7
24 : 3 = 8		32 : 4 = 8
27 : 3 = 9		36 : 4 = 9
30 : 3 = 10		40 : 4 = 10

5 : 5 = 1
10 : 5 = 2
15 : 5 = 3
20 : 5 = 4
25 : 5 = 5
30 : 5 = 6
35 : 5 = 7
40 : 5 = 8
45 : 5 = 9
50 : 5 = 10

Ilustrações: Marcos Guilherme

1 Como podemos fazer para distribuir igualmente estes objetos nas caixas? Complete os quadros para mostrar.

a)

Bolinhas de gude	
Caixas	
Quantas bolinhas de gude em cada caixa?	

b)

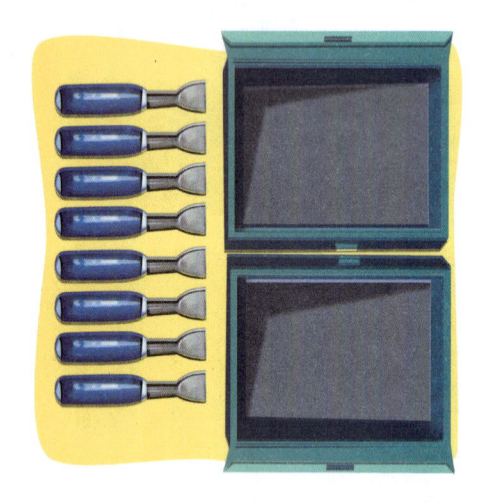

Chaves de fenda	
Caixas	
Quantas chaves de fenda em cada caixa?	

c)

Carrinhos	
Caixas	
Quantos carrinhos em cada caixa?	

d)

Latinhas	
Caixas	
Quantas latinhas em cada caixa?	

44

2 Helena tem uma floricultura. Ela vai fazer arranjos com estas gérberas, distribuindo-as igualmente nos vasos abaixo.

Complete e responda.

Gérberas	
Vasos	

.... dividido por .... é igual a ....

.... : .... = ...

Quantas flores Helena deve colocar em cada vaso? ....

3 Cássio está fazendo sanduíches para o lanche. Ele vai distribuir as rodelas de tomate igualmente nos sanduíches.

Complete e responda.

.... dividido por .... é igual a ....

.... : .... = ...

Quantas rodelas de tomate Cássio deve colocar em cada sanduíche?

....

4 Gabi adorou o álbum de figurinhas de flores que ganhou de sua tia.

> Em cada página do meu álbum cabem 4 figurinhas, e tenho 28 figurinhas!

a) Quantas páginas do álbum Gabi utilizará para colar todas essas figurinhas? ....

b) Escreva uma divisão que represente o resultado acima. ....

5 Leo está passando as férias no Peru com um grupo de turistas brasileiros. Nesse grupo, há 50 turistas.

Para atravessar o lago Titicaca, o grupo de Leo irá em barcos que podem transportar até 10 turistas por viagem.

a) Quantos desses barcos serão necessários para transportar o grupo?

....

b) O grupo de Leo conseguiu alugar barcos maiores, que podem transportar até 30 turistas cada. Para distribuir igualmente os turistas do grupo nesses dois barcos, quantos turistas devem ir em cada barco?

....

O lago Titicaca fica na cordilheira dos Andes entre o Peru e a Bolívia. Muitos barcos que navegam por esse rio são feitos com fibra de junco, uma planta que nasce às margens do lago.

6 Descubra o segredo e complete.

32	4	2	1
	8	2	
		1	

7 É dia de festa junina na escola! A professora Diana está fazendo espetinhos com uvas.

a) A professora Diana vai distribuir igualmente 25 uvas em 5 palitos. Quantas uvas ela deve colocar em cada palito?

....

b) Complete.

.... dividido por .... é igual a ....

.... : .... = ...

c) Ao montar os espetinhos, um dos palitos quebrou. Agora, a professora Diana conseguirá distribuir igualmente as uvas nos 4 palitos que não quebraram?

....

47

8 As meninas da turma de Marina inscreveram-se para o campeonato de basquete da escola.

a) Quantas meninas inscreveram-se para o campeonato?

....

b) Quantas equipes de basquete de 5 jogadoras podem ser formadas com essa quantidade de inscritas? ....

....

9 Leo e Bia tiraram 42 fotos durante a viagem de férias. Agora, eles querem distribuir as fotos em porta-retratos como este.

a) Quantos porta-retratos serão necessários para colocar as fotos?

Serão necessários ....

....

....

b) Sobrarão espaços sem fotos em algum desses porta-retratos? Quantos?

....

10 Dê o resultado das divisões a seguir.

12 : 3 = ...	27 : 3 = ...	12 : 4 = ...	15 : 5 = ...
35 : 5 = ...	21 : 3 = ...	45 : 5 = ...	16 : 4 = ...
25 : 5 = ...	28 : 4 = ...	18 : 2 = ...	20 : 5 = ...
40 : 5 = ...	10 : 5 = ...	36 : 4 = ...	45 : 9 = ...

11 Veja as moedas que Fernando juntou em um mês.

Quantos grupos podem ser formados com:

a) 4 moedas? ....

b) 6 moedas? ....

c) 8 moedas? ....

d) 2 moedas? ....

e) Explique a um colega como pensou para responder aos itens acima.

....

....

49

12 Cláudia separou 32 livros para doação. Ela vai colocar os livros em caixas como estas.

Em cada caixa, cabem 4 livros!

De quantas caixas Cláudia vai precisar para colocar os livros?

Cláudia vai precisar de .... caixas.

13 Para fazer um bolo de cenoura, Helena usou 4 ovos. Quantos desses bolos ela pode fazer com uma dúzia de ovos?

Ela pode fazer .... bolos.

14 Emília está adorando o espetáculo de balé.

a) Quantos pares de bailarinos há na imagem acima? ....

b) Para o espetáculo, havia um camarim para cada par de bailarinos. Quantos camarins foram necessários para esse grupo de bailarinos? ....

15) Raquel comprou 19 mudas de hibiscos. Plantou 7 mudas e distribuiu igualmente as mudas restantes entre suas irmãs, Débora e Lia. Quantas mudas cada irmã de Raquel recebeu?

Cada irmã de Raquel recebeu .... mudas.

16) Hoje é dia de atividade em grupo na sala da professora Lúcia, mas 2 dos 32 alunos faltaram. Quantos grupos com 5 alunos a professora Lúcia pôde formar?

A professora Lúcia conseguiu formar .... grupos.

17) Na turma de João, há 12 meninos e 15 meninas. Para uma excursão ao Jardim Botânico da cidade, esses alunos serão distribuídos igualmente em 3 micro-ônibus. Quantos alunos irão em cada micro-ônibus?

O Jardim Botânico de Curitiba foi inaugurado em 1991 e foi inspirado nos jardins franceses.

Em cada micro-ônibus, irão .... alunos.

18 Rafael comprou uma dúzia e meia de figos para fazer uma compota.

a) Quantos figos Rafael comprou?

....

b) Qual é a metade dessa quantidade?

....

19 Os amigos Pedro, Augusto e Sandro estão brincando de adivinhar números.

- Pedro: "Do número 77 subtraí 45. Que número encontrei?"
- Augusto: "Dividi por 4 o número que Pedro encontrou. Que número encontrei?"
- Sandro: "Adicionei 3 ao número que Augusto encontrou. Que número encontrei?"

Pedro.   Augusto.   Sandro.

Calcule o número encontrado por:

a) Pedro.

b) Augusto.

c) Sandro.

20) Uma fábrica de brinquedos fez uma doação a uma campanha beneficente. A fábrica distribuiu igualmente 36 caixas de brinquedos entre os orfanatos **A**, **B**, **C** e **D**.

a) Quantas caixas de brinquedos cada orfanato recebeu?

Cada orfanato recebeu .... caixas de brinquedos.

b) O orfanato **A** cedeu 2 caixas ao orfanato **B** e 3 caixas ao orfanato **C**. Complete o quadro para mostrar com quantas caixas cada orfanato ficou.

Orfanato	Quantidade de caixas
A	
B	
C	
D	

21) Na bilheteria de um cinema, as 50 pessoas que esperam para comprar ingressos serão distribuídas igualmente em 2 filas para agilizar a compra. Quantas pessoas haverá por fila?

Haverá .... pessoas por fila.

Revendo as quatro operações

1) Sílvia e Carlos estão brincando de jogar dados. Sílvia jogou os dados vermelhos e Carlos, os azuis.

Para saber quem ganhou, eles adicionam os pontos das faces superiores dos dados.

a) Complete as adições e encontre a soma.

Pontos de Sílvia:

3 + 5 + ... = ...

Pontos de Carlos:

6 + ... + ... = ...

b) Quem ganhou a competição? ....

c) Qual é a diferença de pontos entre Sílvia e Carlos? ....

2) Beatriz, Daniel e Laura fizeram uma competição de bolinhas de gude.

Depois de 3 rodadas, veja quantas bolinhas cada um ganhou.

	1ª rodada	2ª rodada	3ª rodada
Beatriz	5	12	0
Daniel	8	0	10
Laura	0	7	9

a) Complete o quadro.

	Adição de pontos	Soma
Beatriz	5 + 12 + 0	17
Daniel		
Laura		

b) Pinte um ☐ para cada ponto obtido pelas crianças.

Competição de bolinhas de gude

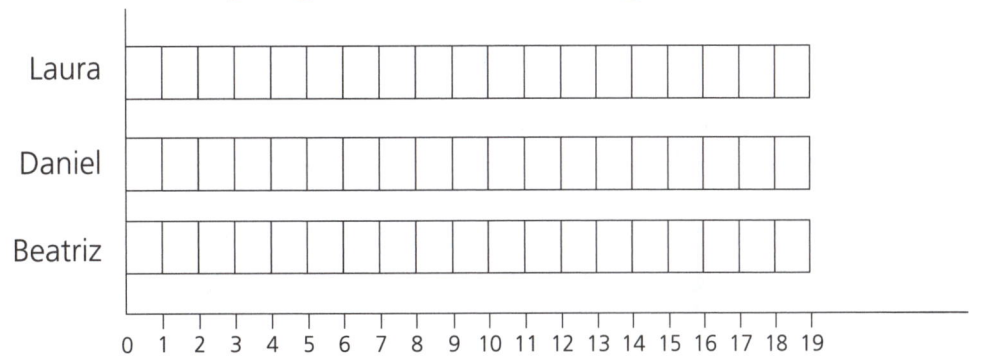

0 1 2 3 4 5 6 7 8 9 10 11 12 13 14 15 16 17 18 19

c) Quantos pontos o primeiro colocado fez a mais que o último?

....

3) Carla vai à feira toda semana comprar frutas para seus filhos. Eles adoram suco de frutas.

Vou levar 12 laranjas, 6 bananas, 6 maçãs e 3 mangas.

6 LARANJAS POR 1 REAL
3 MAÇÃS POR 6 REAIS
3 MANGAS POR 3 REAIS
6 BANANAS POR 1 REAL

a) Se Carla quisesse levar o dobro da quantidade de frutas que pediu ao feirante, quantas frutas de cada tipo ela teria de comprar? Complete o quadro.

Fruta	Quantidade
Laranjas	
Bananas	
Maçãs	
Mangas	

b) Quanto Carla gastou, no total?

Carla gastou ....

c) Quais cédulas Carla poderia usar para pagar apenas 12 laranjas, sem receber troco? Marque X nas cédulas para mostrar.

d) Quanto Carla receberia de troco se pagasse 3 mangas com uma cédula de 10 reais?

Carla receberia .... reais de troco.

4) Maristela usou uma cédula de 100 reais para pagar as contas abaixo.
- Energia elétrica: 43 reais.
- Água: 32 reais.

a) Quanto ela vai pagar pelas duas contas? ....

b) Depois de pagar as contas, ela receberá mais ou menos de 50 reais de troco? ....

5) Descubra o segredo e escreva os números que faltam.

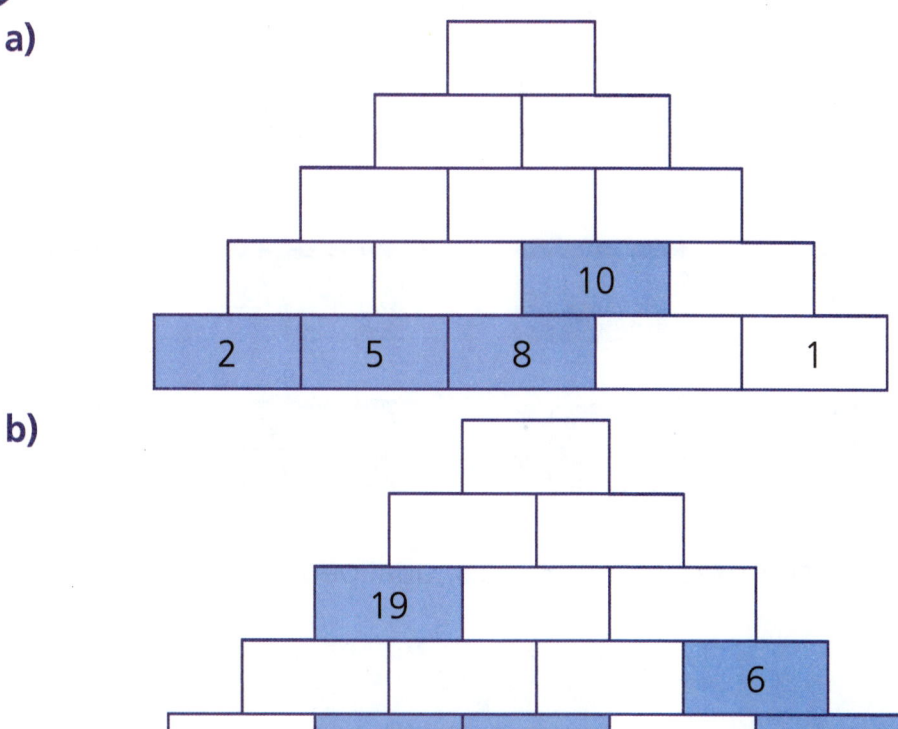

a)

			10	
2	5	8		1

b)

19				
			6	
5	6		2	

57

6 Clara foi ao cinema com a família. Depois da sessão, eles foram a uma lanchonete.

PIPOCA 3 REAIS — SANDUÍCHE NATURAL 5 REAIS — SUCO 2 REAIS — DOCE 3 REAIS

Clara pediu um sanduíche, um suco e um doce. Seu irmão Marcos pediu um saco de pipocas e um suco.

a) Contorne as cédulas que eles poderiam usar para pagar os dois pedidos sem receber troco.

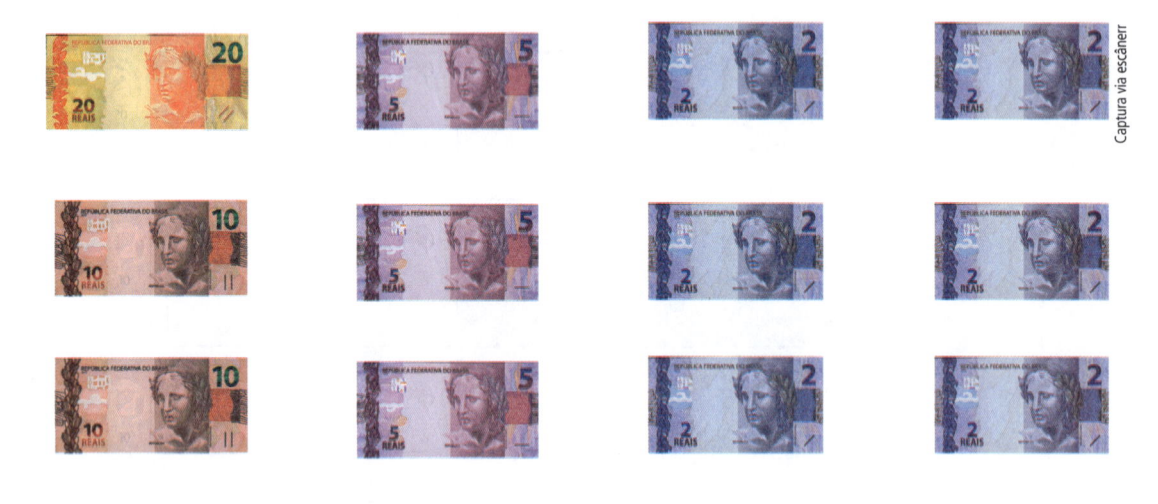

b) Para Clara gastar exatamente 8 reais, qual pedido ela poderia fazer?

....

....

....

7) Clayton tem cinco notas de 10 reais e duas notas de 5 reais. Mayara tem 3 notas de 20 reais. Quem tem mais dinheiro: Clayton ou Mayara?

....

8) Cada figura a seguir esconde um número. Descubra qual é esse número e complete os quadros abaixo.

- ★ × 9 = 27
- 5 × 10 = ✶
- 4 × ◆ = 20
- 3 × 4 = ♥
- ⬟ × 9 = 36

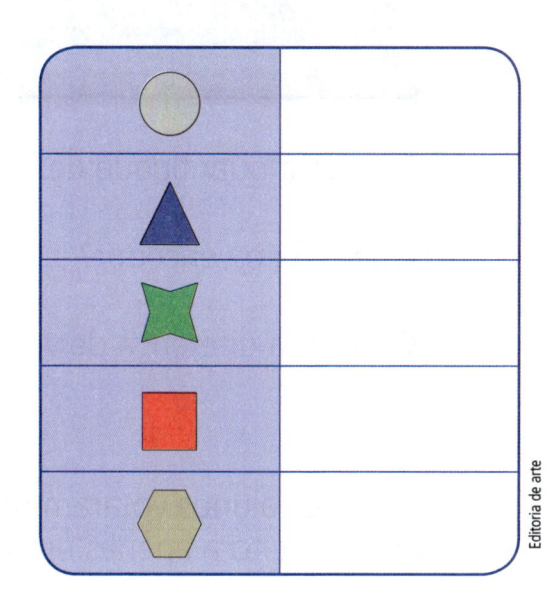

- 2 × 9 = ●
- ▲ × 7 = 28
- ✦ × 8 = 16
- 5 × 6 = ■
- ⬢ × 3 = 30

9 Descubra o segredo e escreva os números que faltam.

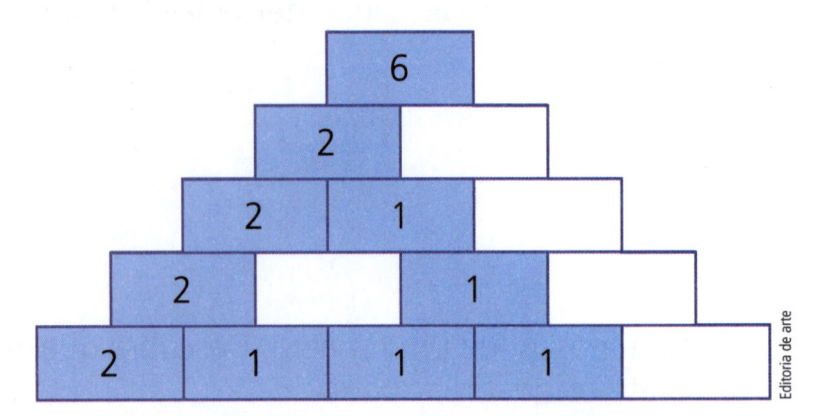

10 Os alunos do 1º ano fizeram uma eleição para escolher o representante da classe. A professora marcou os votos no quadro de giz. Cada traço representa um voto.

Representante da classe

Aluno	Marcação dos votos	Quantidade de votos
Carlos	⧄⧄☐	
André	⧄⧄∣	
Sofia	⧄⧄⧄⧄∣	

a) Escreva a quantidade de votos no quadro acima.

b) Quem foi o vencedor? ....

c) Qual foi a diferença de votos entre o 1º e o 2º colocados?

....

d) Quantos alunos votaram nessa pesquisa, sabendo que cada aluno tinha direito a apenas um voto?

....

11 Veja a receita que Sílvia usará para fazer um bolo de fubá.

Bolo de fubá
Ingredientes:
- 2 ovos
- 4 xícaras de açúcar
- 4 xícaras de farinha de trigo
- 2 xícaras de fubá
- 6 colheres de sopa de margarina
- 2 xícaras de leite
- 2 colheres de chá de fermento em pó

Sílvia vai fazer metade dessa receita hoje e o dobro da mesma receita no fim de semana seguinte. Que quantidade de cada ingrediente ela vai precisar em cada caso? Complete o quadro abaixo com o que se pede.

Ingredientes	Metade	Dobro
Ovos		
Açúcar (xícara)		
Farinha de trigo (xícara)		
Fubá (xícara)		
Margarina (colher de sopa)		
Leite (xícara)		
Fermento em pó (colher de chá)		

12 Um ônibus saiu do ponto inicial com 39 passageiros. Durante todo o percurso, desceram 28 passageiros e subiram 8. Com quantos passageiros o ônibus chegou ao ponto final?

O ônibus chegou ao ponto final com .... passageiros.

13) Caco, o cãozinho de Eduarda, adora a ração **Boa pra cachorro**. Veja como essa ração é vendida:

5 quilogramas.   3 quilogramas.

a) Se Eduarda comprar 4 pacotes médios e 3 pacotes grandes dessa ração, quantos quilogramas de ração ela vai comprar?

Eduarda vai comprar .... quilogramas de ração.

b) Caco come 4 quilogramas de ração por semana. Um pacote médio de ração Boa pra cachorro é suficiente para alimentar Caco por uma semana?

....

....

....

....

....

14) Júlia e Lia são irmãs e resolveram abrir seus cofrinhos. Júlia tirou 10 reais do cofrinho e Lia tirou o triplo dessa quantia. Quantos reais as duas meninas têm juntas?

As duas meninas têm juntas .... reais.

15) Lucas tem 40 reais em moedas e quer trocá-las por cédulas de 5 reais. Com quantas cédulas ele vai ficar?

....

16) No sítio de Gisele há 3 coelhos e 5 galinhas.

a) Quantos são os animais?

São .... animais.

b) No total, quantos são os pés das galinhas e dos coelhos?

São .... pés.

17) Débora colheu 48 laranjas do pomar de sua casa. Ela irá levar uma dúzia dessas laranjas para a sua avó. O restante ela irá dividir igualmente entre suas 4 tias.

a) Quantas laranjas Débora vai dar para sua avó? .... laranjas.

b) Quantas laranjas Débora vai dar para cada tia?

Débora vai dar .... laranjas para cada tia.

c) Na semana seguinte Débora pretende colher o dobro de laranjas. Quantas laranjas ela irá colher?

Irá colher .... laranjas.